《画说电力安全生产违章　配电部分》编委会　编著

画说电力安全生产违章 配电部分

中国电力出版社
CHINA ELECTRIC POWER PRESS

图书在版编目（CIP）数据

画说电力安全生产违章．配电部分/《画说电力安全生产违章．配电部分》编委会编著．—北京：中国电力出版社，2020.4（2021.1 重印）

ISBN 978-7-5198-4114-0

Ⅰ．①画… Ⅱ．①画… Ⅲ．①配电系统－安全生产－违章作业 Ⅳ．①TM08

中国版本图书馆 CIP 数据核字（2020）第 296109 号

出版发行：中国电力出版社	印　　刷：北京瑞禾彩色印刷有限公司
地　　址：北京市东城区北京站西街19号	版　　次：2020 年 4 月第一版
邮政编码：100005	印　　次：2021 年 1 月北京第三次印刷
网　　址：http://www.cepp.sgcc.com.cn	开　　本：787 毫米 ×1092 毫米 32 开本
责任编辑：王冠一（010-63412726）马 丹	印　　张：3.375
责任校对：黄　蓓　郝军燕	字　　数：74 千字
装帧设计：赵姗姗	定　　价：24.00 元
责任印制：钱兴根	

本书编写组

（排名不分先后）

金福国　熊先亮　张勇峰　高云峰　李　菊

刘垣彤　吴　戈　赵小荻

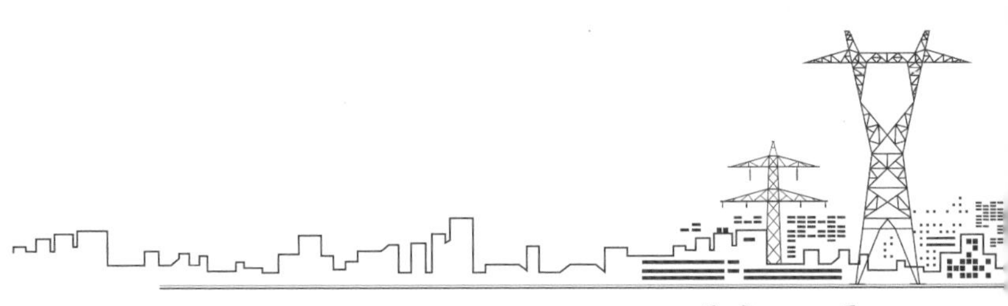

前言

安全生产，重如泰山。习近平总书记指出：“既重视发展问题，又重视安全问题，发展是安全的基础，安全是发展的条件”“推动创新发展、协调发展、绿色发展、开放发展、共享发展，前提都是国家安全、社会稳定。没有安全和稳定，一切都无从谈起”。党的十八大以来，党和国家高度重视安全生产，把安全生产作为民生大事，纳入到全面建成小康社会的重要内容之中，随着我国安全生产事业的不断发展，严守安全底线，保障人民权益，生命安全至上已成为全社会共识。

电力行业关乎国民经济振兴和社会稳定发展，电网企业安全生产是保证电力安全的前提和基础。建设有中国特色国际领先的能源互联网，实现安全生产工作“四个最”的要求，强化安全风险管控，需要我们坚持以人为本，强化本质安全，教会员工辨识违章、主动防范各类违章风险，是遏制违章、防范事故最有效的手段。

国网辽宁省电力有限公司组织安全管理人员，结合安全生产实际情况，按照安全生产全过程管控要求，从安全风险管控、安全例行工作、安全教育培训、安全工器具管理、作业标准化流程等方面，认真分析输、变、配电安全生产中可能出现的违章现象，并与规程、规定相对应编写本书，供各级电力安全生产人员培训学习使用，有利于一线人员和管理人员进一步增强安全意识，落实安全生产责任，严格执行安全生产规章制度，超前预控安全风险，不断夯实安全生产基础。

由于编者水平有限，难免存在缺陷和不足，诚恳欢迎广大读者批评、指正。

编　者

2020 年 4 月

目录

前言

1. 安全管理 1

2. 安全工器具管理 15

3. 现场管理 20

4. 消防管理 81

5. 设备管理 88

1. 安全管理

违章现象

1.1 恶劣天气、自然灾害等情况下单人进行特巡。

违反条例

《国家电网公司电力安全工作规程　配电部分（试行）》

● 5.1.2 电缆隧道、偏僻山区、夜间、事故或恶劣天气等巡视工作，应至少两人一组进行。

违章现象

1.2 未按规定落实安全生产措施计划、资金。

违反条例

《国家电网公司安全工作规定》

● 第三章 责任制 第十三条中规定，保证安全生产所需资金的投入，保证反事故措施和安全技术劳动保护措施所需经费，保证安全奖励所需费用。

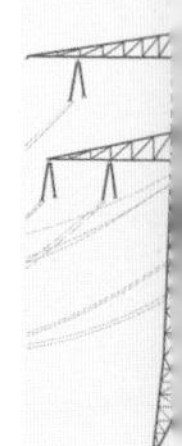

违章现象

1.3 连续间断电气工作 3 个月以上人员上岗前未重新学习《安规》。

违反条例

《国家电网公司电力安全工作规程　配电部分（试行）》

● 2.1.9 作业人员对本规程应每年考试一次。因故间断电气工作连续三个月及以上者，应重新学习本规程，并经考试合格后，方可恢复工作。

违章现象

1.4 未明确和落实各级人员安全生产岗位职责。

违反条例

《国家电网公司安全职责规范》

● 第一章 总则 第二条 贯彻“安全第一、预防为主、综合治理”的方针，树立科学全面的“大安全”观，坚持“谁主管、谁负责”“管业务必须管安全”的原则，实行全面、全员、全过程、全方位的安全管理，建立一级抓一级、一级对一级负责的安全责任制。

违章现象

1.5 未按规定设置安全监督机构和配置安全员。

违反条例

《国家电网公司安全工作规定》

- 第四章 监督管理 第十八条中规定，公司、省公司级单位和省公司级单位所属的检修、运行、发电、施工、煤矿企业（单位）以及地市供电企业、县供电企业，应设立安全监督管理机构 。

省公司级单位所属的电力科学研究院、经济技术研究院、信息通信（分）公司、物资供应公司、培训中心、综合服务中心等下属单位，地市供电企业、县供电企业两级单位所属的建设部、调控中心、业务支撑和实施机构及其二级机构（工地、分场、工区、室、所、队等，下同）等部门、单位，应设专职或兼职安全员。

违章现象

1.6 特殊工种作业人员无证上岗或证件超期。

违反条例

《安全生产法》

- 第二十七条　生产经营单位的特种作业人员必须按照国家有关规定经专门的安全作业培训，取得相应资格，方可上岗作业。

违章现象

1.7 施工作业外雇吊车时，证件不全，吊车司机未带“两证”（特种车辆操作证、车辆检测报告）。

违反条例

《国家电网公司电力安全工作规程　配电部分（试行）》

● 16.1.1 中规定，起重设备的操作人员和指挥人员应经专业技术培训，并经实际操作及有关安全规程考试合格、取得合格证后方可独立上岗作业，其合格证种类应与所操作（指挥）的起重设备类型相符。

违章现象

1.8 新参加电气工作的人员、实习人员和临时参加劳动人员未经安全知识教育，下现场参加工作。

违反条例

《国家电网公司电力安全工作规程　配电部分（试行）》

- 2.1.10 新参加电气工作的人员、实习人员和临时参加劳动的人员（管理人员、非全日制用工等），应经过安全生产知识教育后，方可下现场参加指定的工作，并且不得单独工作。

违章现象

1.9 **设备、系统改造后或上级规程、制度修改后以及达到修订周期，未对本单位颁发的相关规程、制度、设备档案及时进行修订、补充。**

违反条例

《国家电网公司安全工作规定》

- 第五章 规章制度 第三十一条 公司所属各单位应严格执行各项技术监督规程、标准，充分发挥技术监督作用。

违章现象

设计、采购、施工、验收未执行有关规定，造成设备装置性缺陷。

违反条例

Q/GDW 519—2010《配电网运行规程》

- 8.2.1 中规定，d）配电网新扩建、改造、检修工作结束后，运行人员应及时掌握并记录设备变更、试验、检修情况及运行中应注意的事项，明确设备是否合格、是否可以投入运行的结论，并在各种资料、图纸齐全，手续完备、现场验收合格的情况下，予以投入运行。

违章现象

1.11 单人巡视时，攀登电杆和铁塔，打开设备柜门箱盖。

违反条例

《国家电网公司电力安全工作规程　配电部分（试行）》

- 5.1.8 单人巡视，禁止攀登杆塔和配电变压器台架。

违章现象

1.12 安全第一责任人不按规定主持召开安全分析会或未召开安全分析会。

违反条例

《国家电网公司安全工作规定》

● 第三章 责任制 第十三条中规定，公司各级单位行政正职安全工作的基本职责：（三）全面了解安全情况，定期听取安全监督管理机构的汇报，主持召开安全生产委员会议和安全生产月度例会，组织研究解决安全工作中出现的重大问题。

违章现象

1.13 巡视中发现可能危及人员安全的险情后，未采取防止人员靠近的措施。

违反条例

《国家电网公司电力安全工作规程　配电部分（试行）》

● 5.1.9 巡视中发现高压配电线路、设备接地或高压导线、电缆断落地面、悬挂空中时，室内人员应距离故障点 4m 以外，室外人员应距离故障点 8m 以外；并迅速报告调度控制中心和上级，等候处理。处理前应防止人员接近接地或断线地点，以免跨步电压伤人。进入上述范围人员应穿绝缘靴，接触设备的金属外壳时，应戴绝缘手套。

2. 安全工器具管理

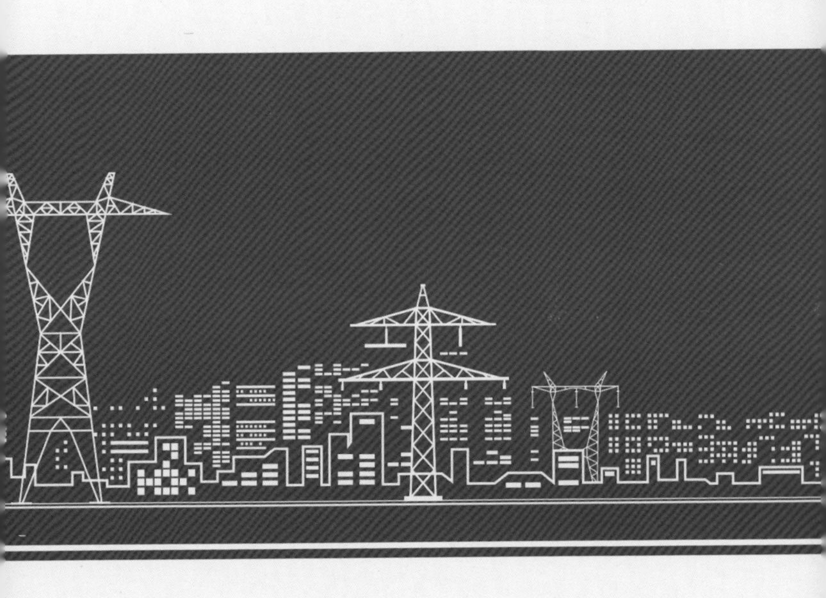

违章现象

2.1 使用钻床时戴手套，用手直接清除铁屑。

违反条例

《国家电网公司电力安全工作规程　配电部分（试行）》

- 14.1.4 机具在运行中不得进行检修或调整。禁止在运行中或未完全停止的情况下清扫、擦拭机具的转动部分。

违章现象

2.2 未按规定配置现场安全防护装置、安全工器具和个人防护用品。

违反条例

《国家电网公司电力安全工作规程　配电部分（试行）》

● 2.3.1 作业现场的生产条件和安全设施等应符合有关标准、规范的要求，作业人员的劳动防护用品应合格、齐备。

违章现象

2.3 在带电设备周围进行测量工作，使用钢卷尺或带有金属线的皮卷尺、线尺。

违反条例

《国家电网公司电力安全工作规程　配电部分（试行）》

- 7.3.6 在带电设备周围使用工器具及搬动梯子、管子等长物，应满足安全距离要求。在带电设备周围禁止使用钢卷尺、皮卷尺和线尺（夹有金属丝者）进行测量。

违章现象

2.4 进入施工作业现场，工作人员未正确佩戴安全帽。

违反条例

《国家电网公司电力安全工作规程　配电部分（试行）》

● 2.1.6 进入作业现场应正确佩戴安全帽，现场作业人员还应穿全棉长袖工作服、绝缘鞋。

3. 现场管理

违章现象

3.1 雷电天气就地进行倒闸操作。

违反条例

《国家电网公司电力安全工作规程　配电部分（试行）》

- 5.2.6.12 雷电时，禁止就地倒闸操作和更换熔丝。

违章现象

3.2 工作班成员签名代签。

违反条例

《国家电网公司电力安全工作规程　配电部分（试行）》

● 3.3.12.2 中规定，工作负责人：

（3）工作前，对工作班成员进行工作任务、安全措施交底和危险点告知，并确认每个工作班成员都已签名。

违章现象

3.3 未经验电确认直接挂接地线或验电后不在已停电的设备上按规定位置和程序装拆接地线。不按规定装设接地线或擅自变更接地线位置。

违反条例

《国家电网公司电力安全工作规程　配电部分（试行）》

● 4.3.1 中规定，配电线路和设备停电检修，接地前，应使用相应电压等级的接触式验电器或测电笔，在装设接地线或合接地刀闸处逐相分别验电。

违章现象

3.4 临时接地棒埋深不足 0.6m，接地线缠绕接地。

违反条例

《国家电网公司电力安全工作规程　配电部分（试行）》

- 4.4.14 中规定，杆塔无接地引下线时，可采用截面积大于 $190mm^2$（如 ϕ16mm 圆钢）、地下深度大于 0.6m 的临时接地体。

违章现象

3.5 施工作业地点未设置遮栏、围栏和警示牌。

违反条例

《国家电网公司电力安全工作规程　配电部分（试行）》

● 4.5.7 高低压配电室、开闭所部分停电检修或新设备安装，应在工作地点两旁及对面运行设备间隔的遮栏（围栏）上和禁止通行的过道遮栏（围栏）上悬挂“止步，高压危险”标示牌。

违章现象

3.6 **线路登杆塔不核对名称、杆塔号、色标。不检查基础、杆根、爬梯和拉线。**

违反条例

《国家电网公司电力安全工作规程　配电部分（试行）》

● 6.2.1 中规定，登杆塔前，应做好以下工作：

（2）检查杆根、基础和拉线是否牢固。

（4）遇有冲刷、起土、上拔或导地线、拉线松动的杆塔，应先培土加固、打好临时拉线或支好架杆。

（5）检查登高工具、设施（如脚扣、升降板、安全带、梯子和脚钉、爬梯、防坠装置等）是否完整牢靠。

违章现象

3.7 高处作业上下抛掷工具、材料等物件；不使用传递绳索传递工具、材料等。

违反条例

《国家电网公司电力安全工作规程　配电部分（试行）》

● 17.1.5 高处作业应使用工具袋。上下传递材料、工器具应使用绳索；邻近带电线路作业的，应使用绝缘绳索传递，较大的工具应用绳拴在牢固的构件上。

违章现象

3.8 **开工前，工作负责人不列队宣读工作票，不进行安全技术交底、危险源分析预控，不明确工作范围和带电部位或交待注意事项不清楚、不全面，不对作业人员进行安全提问。**

违反条例

《国家电网公司电力安全工作规程　配电部分（试行）》

● 3.3.12.2 中规定，工作负责人：

（3）工作前，对工作班成员进行工作任务、安全措施交底和危险点告知，并确认每个工作班成员都已签名。

3.5.1 工作许可后，工作负责人、专责监护人应向工作班成员交待工作内容、人员分工、带电部位和现场安全措施，告知危险点，并履行签名确认手续，方可下达开始工作的命令。

违章现象

3.9 漏挂（拆）、错挂（拆）标示牌。

违反条例

《国家电网公司电力安全工作规程　配电部分（试行）》

● 2.3.11 凡装有攀登装置的杆、塔，攀登装置上应设置“禁止攀登，高压危险！”标示牌。装设于地面的配电变压器应设有安全围栏，并悬挂“止步，高压危险！”等标示牌。

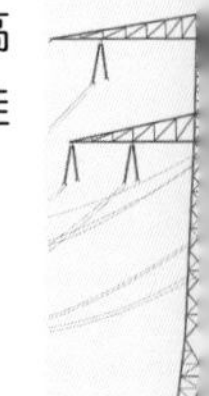

违章现象

3.10 安排或默许无票作业。

违反条例

《国家电网公司电力安全工作规程　配电部分（试行）》

- 3.1 在配电线路和设备上工作，保证安全的组织措施。
  - 3.1.1 现场勘察制度。
  - 3.1.2 工作票制度。
  - 3.1.3 工作许可制度。
  - 3.1.4 工作监护制度。
  - 3.1.5 工作间断、转移制度。
  - 3.1.6 工作终结制度。

违章现象

3.11 涉水作业不佩戴救生设施。

违反条例

《国家电网公司电力安全工作规程　配电部分（试行）》

● 2.3.1 作业现场的生产条件和安全设施等符合有关标准、规范的要求，作业人员的劳动防护用品应合格、齐备。

违章现象

3.12 约时停、送电。

违反条例

《国家电网公司电力安全工作规程　配电部分（试行）》

- 3.4.11 禁止约时停、送电。

违章现象

3.13 安排、默许无票操作。

违反条例

《国家电网公司电力安全工作规程　配电部分（试行）》

- 5.2.5.1 高压电气设备倒闸操作一般应由操作人员填用配电倒闸操作票。每份操作票只能用于一个操作任务。

违章现象

3.14 操作漏项、跳项。

违反条例

《国家电网公司电力安全工作规程　配电部分（试行）》

● 5.2.6.2 现场倒闸操作应执行唱票、复诵制度，宜全过程录音。操作人应按操作票填写的顺序逐项操作，每操作完一项，应检查确认后做一个“√”记号，全部操作完毕后进行复查。复查确认后，受令人应立即汇报发令人。

违章现象

3.15 酒后作业或驾车。

违反条例

《国家电网公司电力安全工作规程　配电部分（试行）》

● 3.3.12.5 中规定，工作班成员：

（2）服从工作负责人（监护人）、专责监护人的指挥，严格遵守本规程和劳动纪律，在指定的作业范围内工作，对自己在工作中的行为负责，互相关心工作安全。

违章现象

3.16 作业过程中人员变动没有按规程要求填写。

违反条例

《国家电网公司电力安全工作规程　配电部分（试行）》

● 3.5.6 工作班成员的变更，应经工作负责人的同意，并在工作票上做好变更记录；中途新加入的工作班成员，应由工作负责人、专责监护人对其进行安全交底并履行确认手续。

违章现象

3.17 施工作业、故障巡视没有或不正确穿戴、使用劳动防护用品。

违反条例

《国家电网公司电力安全工作规程　配电部分（试行）》

● 2.1.6 进入作业现场应正确佩戴安全帽，现场作业人员还应穿全棉长袖工作服、绝缘鞋。

违章现象

3.18 带电作业开始前，未按要求检查带电作业工具和绝缘防护用品（绝缘服、绝缘手套、绝缘包布等），以及空气温度、湿度、风力符合要求。

违反条例

《国家电网公司电力安全工作规程　配电部分（试行）》

● 14.5.1 安全工器具使用前，应检查确认绝缘部分无裂纹、无老化、无绝缘层脱落、无严重伤痕等现象以及固定连接部分无松动、无锈蚀、无断裂等现象。对其绝缘部分的外观有疑问时应经绝缘试验合格后方可使用。

违章现象

3.19 工作终结时，工作负责人不查看现场状况就办理工作终结手续。

违反条例

《国家电网公司电力安全工作规程　配电部分（试行）》

● 3.7.1 中规定，工作完工后，应清扫整理现场，工作负责人（包括小组负责人）应检查工作地段的状况，确认工作的配电设备和配电线路的杆塔、导线、绝缘子及其他辅助设备上没有遗留个人保安线和其他工具、材料，查明全部工作人员确由线路、设备上撤离后，再命令拆除由工作班自行装设的接地线等安全措施。

违章现象

3.20 工作票中危险点与现场实际不符，套用范本。

违反条例

《国家电网公司电力安全工作规程　配电部分（试行）》

● 3.2.3 现场勘察应查看检修（施工）作业需要停电的范围、保留的带电部位、装设接地线的位置、邻近线路、交叉跨越、多电源、自备电源、地下管线设施和作业现场的条件、环境及其他影响作业的危险点，并提出针对性的安全措施和注意事项。

违章现象

3.21 施工作业时，对可能产生感应电压的线路，未根据作业现场的实际情况采用防止感应电的措施。

违反条例

《国家电网公司电力安全工作规程　配电部分（试行）》

- 6.5.2 在停电检修作业中，开断或接入绝缘导线前，应做好防感应电的安全措施。

违章现象

3.22 高处作业不系安全带（含上树砍剪树枝）或安全带使用不正确。

违反条例

《国家电网公司电力安全工作规程　配电部分（试行）》

- 17.2.4 作业人员作业过程中，应随时检查安全带是否拴牢。高处作业人员在转移作业位置时不得失去安全保护。

违章现象

3.23 拆除接地线后又上杆塔和导线上作业。

违反条例

《国家电网公司电力安全工作规程　配电部分（试行）》

● 4.4.7 作业人员应在接地线的保护范围内作业。禁止在无接地线或接地线装设不齐全的情况下进行高压检修作业。

违章现象

3.24 **未经验电确认直接挂接地线或验电后不在已停电的设备上按规定位置和程序装拆接地线。不按规定装设接地线或擅自变更接地线位置。**

违反条例

《国家电网公司电力安全工作规程　配电部分（试行）》

● 4.3.1 中规定，配电线路和设备停电检修，接地前，应使用相应电压等级的接触式验电器或测电笔，在装设接地线或合接地刀闸处逐相分别验电。

● 4.4.1 当验明确已无电压后，应立即将检修的高压配电线路和设备接地并三相短路，工作地段各端和工作地段内有可能反送电的各分支线都应接地。

● 4.4.6 禁止作业人员擅自变更工作票中指定的接地线位置，若需变更，应由工作负责人征得工作票签发人或工作许可人同意，并在工作票上注明变更情况。

违章现象

3.25 专责监护人参加作业；专责监护人临时离开时，被监护人员未停止作业或未离开作业现场。

违反条例

《国家电网公司电力安全工作规程　配电部分（试行）》

● 3.5.4 中规定，专责监护人临时离开时，应通知被监护人员停止工作或离开工作现场，待专责监护人回来后方可恢复工作。专责监护人需长时间离开工作现场时，应由工作负责人变更专责监护人，履行变更手续，并告知全体被监护人员。

违章现象

3.26 现场使用的接地线损坏严重，接地线连接部位不符合相关规定。

违反条例

《国家电网公司电力安全工作规程　配电部分（试行）》

- 14.5.5 成套接地线。

（1）接地线的两端夹具应保证接地线与导体和接地装置都能接触良好、拆装方便，有足够的机械强度，并在大短路电流通过时不致松脱。

（2）使用前应检查确认完好，禁止使用绞线松股、断股、护套严重破损、夹具断裂松动的接地线。

违章现象

3.27 邻近带电线路施工作业使用吊车时车体不接地。

违反条例

《国家电网公司电力安全工作规程　配电部分（试行）》

● 16.2.9 在带电设备区域内使用起重机等起重设备时，应安装接地线并可靠接地，接地线应用多股软铜线，其截面积不得小于 $16mm^2$。

违章现象

3.28 **在人口密集区从事挖深沟、深坑等作业，四周不设安全警戒线，夜间不设警告指示红灯。**

违反条例

《国家电网公司电力安全工作规程　配电部分（试行）》

- 6.1.6 在居民区及交通道路附近开挖的基坑，应设坑盖或可靠遮栏，加挂警告标示牌，夜间挂红灯。

违章现象

3.29 作业人员擅自拆除或改变现场安全措施（不含接地线）。

违反条例

《国家电网公司电力安全工作规程　配电部分（试行）》

- 4.5.14 中规定，禁止作业人员擅自移动或拆除遮栏（围栏）、标示牌。

违章现象

3.30 从事电气工作时，少于两人或工作中未设专人监护。

违反条例

《国家电网公司电力安全工作规程　配电部分（试行）》

- 3.1 在配电线路和设备上工作，保证安全的组织措施。
- 3.1.4 工作监护制度。

违章现象

3.31 作业时不按要求执行作业票。

违反条例

《国家电网公司电力安全工作规程　配电部分（试行）》

- 3.1 在配电线路和设备上工作，保证安全的组织措施。
- 3.1.2 工作票制度。

违章现象

3.32 作业人员在高处作业时接打手机、吸烟。

违反条例

《国家电网公司电力安全工作规程　配电部分（试行）》

- 6.2.3 中规定，杆塔上作业应注意以下安全事项：

  （6）杆塔上作业时不得从事与工作无关的活动。

《国家电网公司电力安全工作规程　电网建设部分（试行）》

- 3.6.1.4 作业现场禁止吸烟。

违章现象

3.33 对违章不制止、不考核。

违反条例

《国家电网公司电力安全工作规程　配电部分（试行）》

● 1.2 中规定， 任何人发现有违反本规程的情况，应立即制止，经纠正后方可恢复作业。

3.34 跨越公路、铁路等进行放紧线时，两侧未设警示标志牌、未设专人持旗看护。

违反条例

《国家电网公司电力安全工作规程　配电部分（试行）》

● 6.4.2 在交叉跨越各种线路、铁路、公路、河流等地方放线、撤线，应先取得有关主管部门同意，做好跨越架搭设、封航、封路、在路口设专人持信号旗看守等安全措施。

违章现象

3.35 进入地沟、地下室、电缆隧道等工作时，未对密闭空间进行通风或气体检测。

违反条例

《国家电网公司电力安全工作规程　配电部分（试行）》

● 12.2.3 电缆井、电缆隧道内工作时，通风设备应保持常开。禁止只打开电缆井一只井盖（单眼井除外）。作业过程中应用气体检测仪检查井内或隧道内的易燃易爆及有毒气体的含量是否超标，并做好记录。

违章现象

3.36 **绝缘斗中的作业人员不按照规程要求正确使用安全带和绝缘工具。作业中未按要求穿着绝缘防护服。**

违反条例

《国家电网公司电力安全工作规程　配电部分（试行）》

● 9.2.6 带电作业，应穿戴绝缘防护用具（绝缘服或绝缘披肩、绝缘袖套、绝缘手套、绝缘鞋、绝缘安全帽等）。带电断、接引线作业应戴护目镜，使用的安全带应有良好的绝缘性能。

带电作业过程中，禁止摘下绝缘防护用具。

3.37 带电作业时，使用锉刀、金属尺和带有金属物的工具。

违反条例

《国家电网公司电力安全工作规程　配电部分（试行）》

- 8.1.8 低压电气带电工作使用的工具应有绝缘柄，其外裸露的导电部位应采取绝缘包裹措施；禁止使用锉刀、金属尺和带有金属物的毛刷、毛掸等工具。

违章现象

3.38 **带电作业开始前，工作负责人未与值班调度员联系停用重合闸，结束后未汇报。在调度下达“重合闸已退出，可以作业”指令之前，已开始带电作业工作。**

违反条例

《国家电网公司电力安全工作规程　配电部分（试行）》

● 9.1.4 工作负责人在带电作业开始前，应与值班调控人员或运维人员联系。需要停用重合闸的作业和带电断、接引线工作应由值班调控人员履行许可手续。带电作业结束后，工作负责人应及时向值班调控人员或运维人员汇报。

违章现象

3.39 作业现场工作人员钻、跨安全遮栏。

违反条例

《国家电网公司电力安全工作规程　配电部分（试行）》

- 4.5.13 禁止越过遮栏（围栏）。

违章现象

3.40 试验台、计量台等检定装置外壳无接地。

违反条例

《国家电网公司电力安全工作规程　配电部分（试行）》

- 11.2.3 中规定，试验装置的金属外壳应可靠接地。

违章现象

3.41 高压电能表现场检验工作，作业人员未站在绝缘垫上开启表尾盖、接线盒。

违反条例

《国家电网公司电力安全工作规程　配电部分（试行）》

● 11.2.6 试验应使用规范的短路线，加电压前应检查试验接线，确认表计倍率、量程、调压器零位及仪表的初始状态均正确无误后，通知所有人员离开被试设备，并取得试验负责人许可，方可加压。加压过程中应有人监护并呼唱，试验人员应随时警戒异常现象发生，操作人应站在绝缘垫上。

违章现象

3.42 电流互感器二次侧开路，未使用短路片或短路线短接电流互感器二次绕组。

违反条例

《国家电网公司电力安全工作规程　配电部分（试行）》

● 10.2.2 在带电的电流互感器二次回路上工作，应采取措施防止电流互感器二次侧开路。短路电流互感器二次绕组，应使用短路片或短路线，禁止用导线缠绕。

违章现象

3.43 使用其他导线作接地线或短路线。

违反条例

《国家电网公司电力安全工作规程 配电部分（试行）》

- 4.4.13 中规定，禁止使用其他导线接地或短路。

违章现象

3.44 试验现场未设置遮栏、围栏和警示牌，未派专人看守。

违反条例

《国家电网公司电力安全工作规程　配电部分（试行）》

● 11.2.5 试验现场应装设遮栏（围栏），遮栏（围栏）与试验设备高压部分应有足够的安全距离，向外悬挂“止步，高压危险！”标示牌。被试设备不在同一地点时，另一端还应设遮栏（围栏）并悬挂“止步，高压危险！”标示牌。

违章现象

3.45 在未查明线路确无接地、无负荷、绝缘良好、线路上无人工作，且相位确定无误的情况下，进行带电断、接引线。

违反条例

《国家电网公司电力安全工作规程　配电部分（试行）》

- 9.3.1 禁止带负荷断、接引线。

违章现象

3.46 进入作业现场没有将使用的带电作业工具放置在防潮的帆布或绝缘垫上。

违反条例

《国家电网公司电力安全工作规程　配电部分（试行）》

● 9.8.2.4 进入作业现场应将使用的带电作业工具放置在防潮的帆布或绝缘垫上，以防脏污和受潮。

违章现象

3.47 作业时，作业区域带电导线、设备、绝缘子、金具、杆头等未采取相间、相对地的绝缘隔离措施，或绝缘隔离措施布置不符合要求。

违反条例

《国家电网公司电力安全工作规程　配电部分（试行）》

- 9.2.7 对作业中可能触及的其他带电体及无法满足安全距离的接地体（导线支承件、金属紧固件、横担、拉线等）应采取绝缘遮蔽措施。
- 9.2.8 中规定，作业区域带电体、绝缘子等应采取相间、相对地的绝缘隔离（遮蔽）措施。

违章现象

3.48 高架绝缘斗臂车使用前未进行空斗操作试验，未进行接地。

违反条例

《国家电网公司电力安全工作规程　配电部分（试行）》

- 9.7.6 绝缘斗臂车使用前应在预定位置空斗试操作一次，确认液压传动、回转、升降、伸缩系统工作正常、操作灵活，制动装置可靠。
- 9.7.7 中规定，工作中车体应使用不小于 $16mm^2$ 的软铜线良好接地。

违章现象

3.49 起吊物上站人或堆放零星物品。

违反条例

《国家电网公司电力安全工作规程　配电部分（试行）》

- 16.2.12 作业时，禁止吊物上站人，禁止作业人员利用吊钩来上升或下降。

违章现象

3.50　超负荷使用起重机械、起重工器具。

违反条例

《国家电网公司电力安全工作规程　配电部分（试行）》

- 16.1.5 起重设备、吊索具和其他起重工具的工作负荷，不得超过铭牌规定。

违章现象

3.51 吊车索具受力情况下停止工作（吊车熄火）。

违反条例

《国家电网公司电力安全工作规程　电网建设部分（试行）》

- 5.1.2.6 停机时，应先将重物落地，不得将重物悬在空中停机。

违章现象

3.52 起重工作未由专人指挥，或无证指挥。

违反条例

《国家电网公司电力安全工作规程　配电部分（试行）》

● 16.1.1 中规定，起重设备的操作人员和指挥人员应经专业技术培训，并经实际操作及有关安全规程考试合格、取得合格证后方可独立上岗作业，其合格证种类应与所操作（指挥）的起重设备类型相符。

● 16.1.2 中规定，起重搬运时只能由一人统一指挥，必要时可设置中间指挥人员传递信号。

违章现象

3.53 在复杂的地段及带电设备附近工作未设置专人看守或监护。

违反条例

《国家电网公司电力安全工作规程　配电部分（试行）》

● 6.3.2 居民区和交通道路附近立、撤杆，应设警戒范围或警告标志，并派人看守。

● 6.4.2 在交叉跨越各种线路、铁路、公路、河流等地方防线、撤线，应先取得有关主管部门同意，做好跨越架搭设、封航、封路、在路口设专人持信号旗看守等安全措施。

违章现象

3.54 **起重机械未做好稳固措施，未对起吊物全面检查是否符合起吊要求即行起吊。起重作业时，在邻近带电区域内未可靠接地。**

违反条例

《国家电网公司电力安全工作规程　配电部分（试行）》

● 16.2.6 作业时，起重机应置于平坦、坚实的地面上。不得在暗沟、地下管线等上面作业；无法避免时，应采取防护措施。

● 16.2.9 在带电设备区域内使用起重机等起重设备时，应安装接地线并可靠接地，接地线应用多股软铜线，其截面积不得小于 16mm^2。

违章现象

3.55 起吊、牵引过程中受力钢丝绳周围和起吊物下方有人逗留和通过。吊运重物通过人体上方，吊臂下站人。

违反条例

《国家电网公司电力安全工作规程　配电部分（试行）》

- 16.2.3 在起吊、牵引过程中，受力钢丝绳的周围、上下方、转向滑车内角侧、吊臂和起吊物的下面，禁止有人逗留和通过。
- 16.2.11 禁止与工作无关人员在起重工作区域内行走或停留。
- 16.2.12 作业时，禁止吊物上站人，禁止作业人员利用吊钩来上升或下降。

违章现象

3.56 在雷电、雪、雹、雨、雾等恶劣天气，风力大于5级，或湿度大于80%时，安排带电作业。

违反条例

《国家电网公司电力安全工作规程　配电部分（试行）》

- 9.1.5 中规定，带电作业应在良好天气下进行，作业前须进行风速和湿度测量。风力大于 5 级，或湿度大于 80%时，不宜带电作业。若遇雷电、雪、雹、雨、雾等不良天气，禁止带电作业。

违章现象

3.57 起重工作时，臂架、吊具、辅具、钢丝绳及重物等与带电体最小距离不满足安全要求且未采取有效措施。

违反条例

《国家电网公司电力安全工作规程　配电部分（试行）》

● 16.2.7 作业时，起重机臂架、吊具、辅具、钢丝绳及吊物等与架空输电线路及其他带电体的距离不得小于表 6-1 的规定，且应设专人监护。小于表 6-1、大于表 3-1 规定的安全距离时，应制定防止误碰带电设备的安全措施，并经本单位批准。小于表 3-1 规定的安全距离时，应停电进行。

表 3-1　　　　高压线路、设备不停电时的安全距离

电压等级（kV）	安全距离（m）	电压等级（kV）	安全距离（m）
10 及以下	0.7	±50	1.5
20、35	1.0	±400	7.2
66、110	1.5	±500	6.8
220	3.0	±660	9.0
330	4.0	±800	10.1
500	5.0		
750	8.0		
1000	9.5		

注　表中未列电压应选用高一电压等级的安全距离，后表同。750kV 数据按海拔 2000m 校正，±400kV 数据按海拔 5300m 校正，其他电压等级数据按海拔 1000m 校正。

表 6-1　与架空输电线及其他带电体的最小安全距离

电压（kV）	<1	10、20	35、66	110	220	330	500
最小安全距离（m）	1.5	2.0	4.0	5.0	6.0	7.0	8.5

违章现象

3.58 带电接引线时，未接通相的导线和带电断引线时已断开相的导线未采取安全措施。

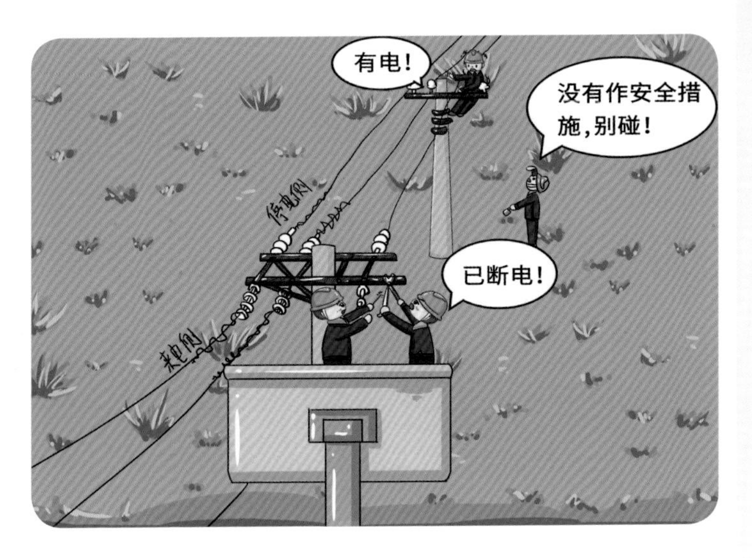

违反条例

《国家电网公司电力安全工作规程　配电部分（试行）》

● 9.3.5 带电接引线时未接通相的导线、带电断引线时已断开相的导线，应在采取防感应电措施后方可触及。

违章现象

3.59　停送电操作未戴绝缘手套。

违反条例

《国家电网公司电力安全工作规程　配电部分（试行）》

● 5.2.6.10 中规定，操作机械传动的断路器（开关）或隔离开关（刀闸）时，应戴绝缘手套。

4. 消防管理

违章现象

4.1 在作业区内或禁烟、禁火区域内吸烟。

违反条例

《国家电网公司电力安全工作规程　电网建设部分（试行）》

- 3.6.1.4 作业现场禁止吸烟。

违章现象

禁火区域，焊接、切割工作现场未摆放消防器材。焊接、切割工作前未对周围易燃物进行清理，工作结束后未对现场进行检查、清理遗留物。

违反条例

《国家电网公司电力安全工作规程　配电部分（试行）》

● 15.1.3 在重点防火部位、存放易燃易爆物品的场所附近及存有易燃物品的容器上焊接、切割时，应严格执行动火工作的有关规定，填用动火工作票，备有必要的消防器材。

《国家电网公司电力安全工作规程　电网建设部分（试行）》

● 3.6.1.1 中规定，施工现场、仓库及重要机械设备、配电箱旁，生活和办公区等应配置相应的消防器材。需要动火的施工作业前，应增设相应类型及数量的消防器材。

违章现象

4.3　消防器材保管不善，使用或损坏后未及时更换。

违反条例

《国家电网公司电力安全工作规程　电网建设部分（试行）》

● 3.6.1.3 消防设施应有防雨、防冻措施，并定期进行检查、试验，确保有效；砂桶（箱、袋）、斧、锹、钩子等消防器材应放置在明显、易取处，不得任意移动或遮盖，禁止挪作他用。

违章现象

4.4 消防器材未按周期检验，标志不全、不清晰。消防器材保管不善，使用或损坏后未及时更换。及时更换。

违反条例

《国家电网公司电力安全工作规程　配电部分（试行）》

- 15.1.3 在重点防火部位、存放易燃易爆物品的场所附近及存有易燃物品的容器上焊接、切割时，应严格执行动火工作的有关规定，填用动火工作票，备有必要的消防器材。

《国家电网公司电力安全工作规程　电网建设 部分（试行）》

- 3.6.1.3 消防设施应有防雨、防冻措施，并定期进行检查、试验，确保有效；砂桶（箱、袋）、斧、锹、钩子等消防器材应放置在明显、易取处，不得任意移动或遮盖，禁止挪作他用。

违章现象

4.5 **放倒使用乙炔瓶；氧气瓶与乙炔瓶距离没有大于5m；气瓶距离明火小于10m；氧气软管与乙炔软管混用。**

违反条例

《国家电网公司电力安全工作规程　配电部分（试行）》

● 15.3.6 使用中的氧气瓶和乙炔气瓶应垂直固定放置，氧气瓶和乙炔气瓶的距离不得小于5m；气瓶的放置地点不得靠近热源，应距明火10m以外。

违章现象

4.6 在禁火区域，未办理动火工作票，擅自进行动火作业。

违反条例

《国家电网公司电力安全工作规程　配电部分（试行）》

● 15.1.3 在重点防火部位、存放易燃易爆物品的场所附近及存有易燃物品的容器上焊接、切割时，应严格执行动火工作的有关规定，填用动火工作票，备有必要的消防器材。

5. 设备管理

违章现象

5.1 高低压线路对地面或建筑物安全距离不够。

违反条例

《电力设施保护条例及实施细则》

● 第二章 电力设施的保护范围和保护区，第十条中规定，电力线路保护区：

（一）架空电力线路保护区：导线边线向外侧水平延伸并垂直于地面所形成的两平行面内的区域，在一般地区各级电压导线的边线延伸距离如下：

1 ~ 10 千伏	5 米	35~110 千伏	10 米
154 ~ 330 千伏	15 米	500 千伏	20 米

违章现象

5.2 配电站（箱）无门、无锁、无防雨措施，缺盖、接线等不符合安全要求。

违反条例

《国家电网公司电力安全工作规程　电网建设部分（试行）》

- 3.5.6.3 配电室和现场的配电柜或总配电箱、分配电箱应配锁具。

违章现象

5.3 配电线路临街、临路，未按规程规定设置防撞标志。

违反条例

Q/GDW 519—2010《配电网运行规程》

- 5.4.6 中规定，在以下区域应按规定设置明显的警示标志：
  - a）架空电力线路穿越人员密集、人员活动频繁的地区。
  - d）临近道路的拉线。

违章现象

5.4 线路拉线未按规定加装中间绝缘子。

违反条例

Q/GDW 519—2010《配电网运行规程》

- 5.3.4 中规定，拉线的巡视：

  f）穿越带电导线的拉线应加设拉线绝缘子。

违章现象

5.5 变台、跌落式开关、爬梯等对地距离不能满足规程规定且未采取安全措施。

违反条例

Q/GDW22/Z 1001—2012《10kV 及以下配电网建设改造与设备选型技术导则》

- 10.3.1.2 中规定，技术性能要求

  a）钢管杆本体

  （6）爬梯最底部对地距离为 2.5 米。

违章现象

5.6 在绝缘配电线路上未按规定设置验电接地环。

违反条例

《国家电网公司电力安全工作规程　配电部分（试行）》

● 2.2.2 在绝缘导线所有电源侧及适当位置（如支接点、耐张杆处等）、柱上变压器高压引线处，应装设验电接地环或其他验电、接地装置。

违章现象

5.7 **线路设备无安全警示标志或设备名称未按规定设置，或字迹不清楚。线路杆塔无线路名称和杆号，或同一条线路名称不一致。**

违反条例

《国家电网公司电力安全工作规程　配电部分（试行）》

● 6.6.7 中规定，与带电线路平行、邻近或交叉跨越的线路停电检修，应采取以下措施防止误登杆塔：

（1）每基杆塔上都应有线路名称、标号。

● 6.7.5 中规定，为防止误登有电线路，应采取以下措施：

（1）每基杆塔应设识别标记（色标、判别标帜等）和线路名称、杆号。

违章现象

5.8　平行或同杆架设多回路线路无识别标记。

违反条例

《国家电网公司电力安全工作规程　配电部分（试行）》

- 6.7.5 中规定，为防止误登有电线路，应采取以下措施：

  （1）每基杆塔应设识别标记（色标、判别标帜等）和线路名称、杆号。

违章现象

5.9 设备孔洞无牢固盖板或围栏。

违反条例

《国家电网公司电力安全工作规程　配电部分（试行）》

● 17.1.7 高处作业区周围的孔洞、沟道等应设盖板、安全网或遮栏（围栏）并有固定其位置的措施。同时，应设置安全标志，夜间还应设红灯示警。

违章现象

5.10 电气设备金属外壳、设施未接地，或接地不符合规定。

违反条例

《国家电网公司电力安全工作规程 配电部分（试行）》

- 9.5.2 中规定，旁路电缆终端与环网柜（分支箱）连接前应进行外观检查，绝缘部件表面应清洁、干燥，无绝缘缺陷，并确认环网柜（分支箱）柜体可靠接地。
- 10.1.3 二次设备箱体应可靠接地且接地电阻应满足要求。
- 11.2.3 试验装置的金属外壳应可靠接地；高压引线应尽量缩短，并采用专用的高压试验线，必要时用绝缘物支持牢固。

《国家电网公司电力安全工作规程 电网建设部分（试行）》

- 5.2.1.9 机械金属外壳应可靠接地。